實驗室裡到底在忙什麼？
酷炫未來科技大解密！

工研院

勇闖實驗室②

未來世界建構中

劉詩媛◎文　工業技術研究院◎審訂

Tai Pera、Salt&Finger ◎圖

未來三十、五十年的世界，長得什麼樣？

電影《銀翼殺手》中穿梭在摩天大樓間的無人飛行器，突破地貌與車陣直達目的地；《星際大戰》中的全像投影，隨時隨地都能召喚出遠方的朋友，來場身歷其境的隔空問候；因應水資源短缺，《沙丘》裡收集人體水分循環再利用的「蒸餾服」；《絕地救援》中精密控制環境，在火星也能種出馬鈴薯的溫室……科幻電影裡的場景，不僅滿足了我們對未來世界的想像，也激勵人類往更好的生活邁進。

未來世界不只在電影中發生，將時間倒回五十年前，也很難想像今天的遠距視訊會議、線上教學，已經成為你我日常生活的一部分；實體銀行被數位金融取代，存款、匯款彈指完成；無人工廠連燈都不用開，照樣完成高效率的生產。五十年前的科幻，今日的智慧生活，靠的就是科技研發。

非常感謝幼獅文化，再接再厲推出《勇闖工研院實驗室》第二集，延續第一集對生活科技的探索，第二集要帶孩子們前進未來世界，認識可能在未來世界中扮演重要角色的科技，包括無人機、自駕車、拿了就走的智慧商店、智慧機器人、AI控制的智慧工廠等。除了展現工研院「創新科技，引領未來」的主張與成果，也透過圖文並茂的原理剖析、技術應用、痛點與解決方案的對應，讓孩子既知其然，又知其所以然，啟發對科技的興趣和潛能。

近年來，氣候變遷的徵兆愈來愈明顯，極端熱浪席捲歐洲，機場跑道融化、乾旱與野火頻傳，上千人因高溫死亡；巴基斯坦、伊朗、澳洲東部、韓國則遭到罕見的強降雨侵襲，生命財產備受威脅。極端氣候危及人類生存，沒有人是局外人，2050達成淨零排放（Net Zero Emissions）已是全球共識，科技是達成淨零的重要解方。然而，我們不可能用現在的科技，解決三十年後的問題，科技的進步有賴一棒接一棒的累積、傳承。今天，工研院種下創新研發的種子；未來，我們寄望種子長成大樹，成為守護地球的重要支柱。

「任何足夠先進的科技，皆與魔法無異。」這句出自知名科幻作家亞瑟‧克拉克的名言，道出科技無窮的潛力，也鼓舞人們創造奇蹟。希望這兩本一套的《勇闖工研院實驗室》，成為孩子接觸科技的起點，有朝一日，施展宛如魔法的科技，打造更智慧、樂活與永續的未來。

工業技術研究院
副總暨行銷長兼行銷傳播處處長　　林佳蓉

帶領孩子們進入「未來世界的建造基地」

工業技術研究院一直是臺灣產業發展的領頭羊，從早期的積體電路和複合材料產業，到近年最夯的人工智慧與通訊技術，工研院一直站在這些尖端研究的最前端，將這些技術應用在現代人的生活中，打造更便捷的科技生活。

本書是工研院與《幼獅少年》的合作之作，用淺顯易懂、圖文並茂的方式呈現智慧生活、健康及永續環境議題的研究成果，將龐大的知識濃縮後傳遞給讀者。接續《勇闖工研院實驗室1》的內容，《勇闖工研院實驗室2》為孩子們介紹了更貼近未來生活的新科技——自駕車、智慧商店、再生太陽能板及新藥開發——背後的故事。

你曾想過自駕巴士如何避開行人嗎？易取智慧商店如何辨識顧客選購的商品呢？在無人操控的情況下，機器怎麼模擬出人類的行為？本書帶領讀者拜訪十二個實驗站，前五站以智慧生活為主，讓讀者們一窺「智慧化」背後的祕密。書中詳細介紹無人設備所需的各種感測、定位裝置，更透過小小偵探團的提問，引導讀者反思無人設備在現實運作中的機會、局限及可能會遇到的困難，讀起來趣味十足！

接續的第六至十站，介紹各種能源材料及永續應用，包含鋰電池、碲化鉍、太陽能板檢測，尤其是太陽能板材的回收應用更是值得深入探討。這些發明其實都已廣泛運用在生活中，透過本書的介紹，讓讀者更了解科技發展的進程與原理。最後兩站談到一直以來十分重要的領域——新藥開發。開發新藥須經過十分繁複的步驟，但是隨著科技發展，許多步驟都能自動化，品質管理也大幅提升，使得製藥產業更加成熟。智慧醫療將來也會是非常重要的發展領域！

　　很高興為年輕學子們推薦這本好書，希望孩子們在進入「未來世界的建造基地」後，認識了各種智慧科技背後的知識與研發的歷程，可啟動你們的好奇心與創新力，邁入科技創新之路。

國立高雄師範大學
工業科技教育學系副教授　張美珍

目錄

登場人物

愛智國小六年級生，好奇心旺盛，對生活中很多奇怪事物都有研究，但超級討厭讀書。和小岩、小苑同班。

愛智國小六年級生，興趣是閱讀科學書籍，未來想當科學家。雖然習慣面無表情，但內心常被這兩個同班男同學弄得好氣又好笑。

愛智國小六年級生，喜歡嘗試新科技，原因是他有一點點點點懶惰……喔，也有一點介意自己微胖。

科學百事通
小苑

科技小達人
小岩

好奇心大王
小功

外表和一般上班族沒兩樣，生活作息也很
正常，只是偶爾會比較晚回家，而且有時
會突然說出一堆大家聽不懂的專有名詞，
直到每個人嘴巴開開呆望著他，他才會像
突然被電到一樣，改說大家聽得懂的話。

小岩家隔壁的
神祕鄰居
阿光

實驗室人員

深夜幽靈車驚魂記

那個駕駛真的雙手放開方向盤向我打招呼啦！

怎麼可能有什麼幽靈車？你一定看錯了啦！

真的啦！那輛車還自己停下來等紅燈！

你們在聊什麼啊？

真的啦！

他說前天晚上在路上看到一輛幽靈車啦！

你怎麼會覺得那是幽靈車？

因為那個駕駛雙手放開方向盤，可是車子還是繼續轉彎前進！

雙手放開方向盤，車子可以透過腳踩油門或者剎車來前進和停止，但絕對沒辦法轉彎啊！

……

小小實驗室偵探團再次出動！

是你們啊！有事嗎？

阿光叔叔，你又在思考怎麼解決實驗室的問題……

想到都沒空整理房子對吧？

阿光叔叔的實驗室發明很多東西，你們就不要欺負他了啦！

阿光叔叔，小功說他好像看到幽靈車……

……所以我想來問問幽靈車的事情！

嗯，有可能是「那個」呢！

阿光叔叔，你不要像小苑一樣「學壞」賣關子！

對啊！「那個」到底是什麼？

原來妳也想到「那個」啊！

我想又到了拜訪工研院實驗室的時候啊！

那你們小小實驗室偵探團準備好了嗎？

準備好了！

那我們就準備出發——！

好——！

幽靈車跟工研院實驗室到底有什麼關係啊？

13

工業技術研究院：
未來世界，從這裡開始建造

工業技術研究院創立於1973年，是屬於國家級應用研究機構，目前大約有六千位工研院研發人員，累積近三萬件專利權。

工研院的實驗室人員會觀察人們的生活需要和工廠的生產需求，研發創造出解決問題的科技裝置或方法，儼然就是「生活科技的祕密基地」；隨著科技的迅速發展，工研院的實驗室也充滿各式各樣的智慧科技裝置，因此也是「未來世界的建造基地」喔！

以工研院現在致力發展的AI人工智慧、半導體晶片、通訊、資安雲端四大智慧化技術為例，就有超酷炫的無人機、自駕巴

工研院中分院。（工研院提供）

士、易取智慧商店、智慧機器人、智慧工廠、草莓智慧節能溫室、太陽能板測試與回收等，一項項高科技智慧產品與系統建置，讓人們的生活愈來愈便利，也勾勒出未來世界的輪廓。

工研院創新園區。（工研院提供）

上次參觀時，阿光叔叔說工研院的實驗室是「生活科技的祕密基地」。

其實工研院的實驗室，也是「未來世界的建造基地」唷！

很多創新發明都可以在這裡看到！

有哪些超酷玩意兒呢？

要拜訪哪些實驗室？

這些就是我們這次要拜訪的實驗室！

有的看起來超酷的喔！

Stop1

控制無人機的祕密
無人機計畫

Stop2

噗噗！自駕巴士來了
資訊與通訊研究所

Stop3

易取智慧商店大探險
易取智慧貨架研發

Stop4

我把機器人變聰明了
智慧機器人實驗室

Stop5

有智慧的工廠
智能製造體驗工坊

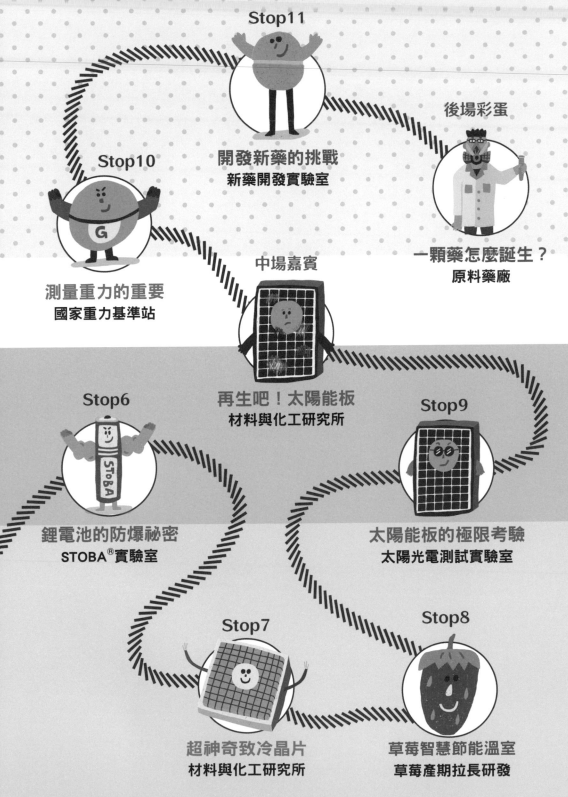

Stop11
開發新藥的挑戰
新藥開發實驗室

後場彩蛋
一顆藥怎麼誕生？
原料藥廠

Stop10
測量重力的重要
國家重力基準站

中場嘉賓
再生吧！太陽能板
材料與化工研究所

Stop6
鋰電池的防爆祕密
STOBA®實驗室

Stop9
太陽能板的極限考驗
太陽光電測試實驗室

Stop7
超神奇致冷晶片
材料與化工研究所

Stop8
草莓智慧節能溫室
草莓產期拉長研發

控制無人機的祕密
無人機計畫

大家有沒有發現愈來愈多無人機在天空中飛行呢？現在無人機的應用，包括運送貨物、農田噴灑藥液、消防救援、地理測繪、偵測、探勘等，就連2019年在新北市舉辦的寶可夢抓寶活動，都出動了「繫留無人機」，來執行監控現場的維安任務呢！

無人機聽起來很酷！

但我們為什麼能遙控無人機呢？

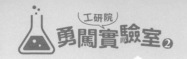
實驗室大揭密

　　咦，不是要認識無人機嗎？為什麼小小實驗室偵探團來到工研院呢？原來，人們能控制無人機上下左右、前進後退、在空中懸停、傳回拍照圖像，全都得靠無線電波遙控無人機。

　　工研院的無人機計畫，主要就是在研究資訊通訊和管理軟體，包括打造無人機地面控制站來協助無人機規劃飛航任務，是無人機執行任務的大腦；無人機4G通訊技術和影像串流技術，讓無人機有了千里眼；還有自動化充電技術，讓無人機隨時能量滿滿。所有技術加起來後，工研院的無人機就是可以隨時出動的「空中千里眼」啦！

無線電波可控制無人機。
（工研院提供）

工研院有好幾個實驗室都有無人機研究計畫喔！
（工研院提供）

無人機的構造

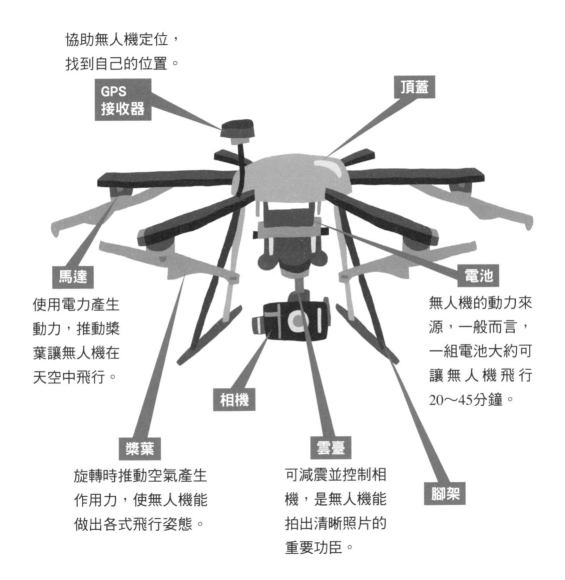

協助無人機定位，
找到自己的位置。

GPS 接收器

頂蓋

馬達

使用電力產生
動力，推動槳
葉讓無人機在
天空中飛行。

電池

無人機的動力來
源，一般而言，
一組電池大約可
讓無人機飛行
20～45分鐘。

相機

槳葉

旋轉時推動空氣產生
作用力，使無人機能
做出各式飛行姿態。

雲臺

可減震並控制相
機，是無人機能
拍出清晰照片的
重要功臣。

腳架

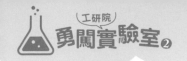
無人機的重要功能：懸停

　　「懸停」是無人機的重要功能，是指無人機可在空中某個定點滯空飛行，執行拍照、監視等任務；研究人員必須透過裝設對應的感測器，賦予無人機能感知外在的「知覺」，才能讓無人機知道自己在哪裡，以及是什麼姿態，這樣一來，研究人員下指令時，無人機才能聽指令產生正確的動作喔！

無人機的位置及姿態

❶頭向：即機頭面對的方向，可藉由「磁力計」（指北針）找到方位。

❷位置：在戶外可靠著「全球衛星定位系統」（GPS）接收器計算出即時位置；在室內接收不到GPS訊號時，可使用外部攝影機來觀看（計算）即時位置。

❸高度：離地高度愈高，氣壓愈小，因此可靠著「氣壓計」計算高度；若離地不遠，可藉由「雷射測距儀」測量和地面的距離。

❹身體的姿態：無人機可靠著「慣性測量單元」（IMU）來知道目前無人機是水平或傾斜多少角度等狀態。

和無人機溝通的法寶：無線電

無人機和我們的手機一樣，都是透過「無線電」收發訊息，而且工研院的無人機還支援多個通訊方式，也就是說，可以用多個無線電頻段和無人機溝通，包含遙控無人機及觀看無人機上的攝影機畫面。

無線電是一種以電磁波做為媒介的通訊方式，手機就是透過無線電傳遞訊息，讓遠方的人可以聽得到你的聲音，也讓你可以連上網路查找資料。

無線電有多種不同頻率，為了有效率的使用無線電，政府規劃了無線電使用規則（大家都要遵守喔），像是家裡Wi-Fi常用的頻率就是2.4GHz和5GHz（G是10的9次方，Hz是頻率的單位，如10Hz代表每秒震盪10次）。透過無線電波，我們就可以和遠方的無人機進行溝通，是不是很方便，而且很酷呢？

❶定位：無人機接收GPS衛星訊號來定位。

控制無人機的無線電波

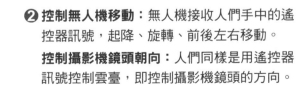

❷控制無人機移動：無人機接收人們手中的遙控器訊號，起降、旋轉、前後左右移動。
控制攝影機鏡頭朝向：人們同樣是用遙控器訊號控制雲臺，即控制攝影機鏡頭的方向。

❸攝影機影像圖傳：控制攝影機把圖像傳回地面，同樣是使用無線電波訊號，人們可透過畫面，決定飛機要往哪裡移動，是否有障礙或危險，甚至是蒐集圖像，進行後續的分析和應用。

23

• 小小偵探團發問中 •

我注意到新聞報導說，寶可夢會場出現的是「繫留無人機」，請問這種無人機跟其他無人機有什麼不一樣嗎？

繫留無人機和一般無人機確實有不同的地方。繫留無人機有一條長長的「線」，可以源源不絕獲得電力，持續在空中飛行。這條「線」裡，除了有供電專用的電纜，還有通訊使用的光纖，因此也可以透過這條「線」，把機上攝影機的畫面傳到無人機地面控制站，並且把地面需要發布的訊號傳到繫留無人機上發送出去。

地面控制站。（工研院提供）

這架繫留無人機不只配有攝影機，也有特別申請的3.5GHz頻段小型基地臺——除了無人機拍攝的畫面之外，巡邏員警也可以把隨身攝影機的畫面，透過3.5GHz無線電傳遞到繫留無人機上，再從無人機上的繫留線，將畫面傳遞到行動指揮車裡，指揮中心即使不在現場，也能即時掌握會場情況喔！

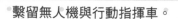

繫留無人機與行動指揮車。

找一找，想一想

1. 你看過無人機嗎？請分享一下當時的情況吧！

2. 生活中，愈來愈多場合運用到無人機技術，新聞上也不時有無人機的報導。請上網找一找，有哪些無人機的應用實例？

3. 無人機在空中飛來飛去，雖然帶來便利，卻也衍生了一些問題。請上網找一找，無人機的運用產生了哪些問題（例如：安全、隱私）？

4. 承上題，無人機產生的問題，目前又有哪些解決方式？

5. 無人機要能被控制，就必須先讓無人機知道自己的位置，以及在空中是什麼樣的姿態。請試著想像，如果有人把你的眼睛矇起來，並且把你帶到一個陌生的地方，你能很容易的聽從別人指令做出前進、後退、轉彎等動作嗎？再以此感受為出發點，思考如果無人機不知道自己的位置和姿態，可能會產生什麼樣的問題。

6. 除了目前無人機的應用之外，你還想到哪些運用方式？或者你想要無人機幫你做哪些事情呢？

噗噗！自駕巴士來了
資訊與通訊研究所

看完工研院的無人機計畫，還有一個有趣的研究，那就是自駕巴士喔！

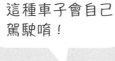

這種車子會自己駕駛唷！

難道這就是「幽靈車」的真面目？

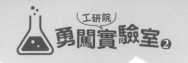
實驗室大揭密

自駕車就是「有眼睛和大腦，可以自行判斷怎麼到達目的地」的車子，一般人都會想到無人車，其實無人車只是自駕車的其中一種，因為自駕車是指所有可以自動駕駛的車子，不管有沒有人在上面。

自駕車根據智慧駕駛系統的等級高低，可能不需要有人在駕駛座上，車子就可以自行應付所有路上突發狀況，安全行駛到達目的地，也就是等級最高的無人車；但也可能需要有人在駕駛座上，若發生車子不能自行判斷和處理的緊急狀況，就得隨時切換到人為駕駛，以避免發生危險。

在國外，比較有名的自駕車就是美國的特斯拉；在臺灣，工研院也正在和廠商合作研發自駕巴士，而且這套智慧駕駛系統未來可裝載在不同車子上喔！

工研院的自駕巴士。

工研院自駕巴士 小檔案

自駕車到底要怎麼自動駕駛呢？一起來看看吧！

自駕巴士怎麼開？

工研院的自駕巴士就像一般公車一樣，啟動引擎後，會自動按照公車固定路線行駛、定速駕駛、維持同一車道、遵守交通號誌及標線（如紅燈在停止線前停車）、遇到障礙物閃避（如三角錐）、預測判

斷突發路況（如依照兩方行進速度預測可能會撞上前方突然闖越馬路的行人而緊急剎車），以及停靠公車站牌讓乘客上下車。

自駕巴士的眼睛和大腦？

自駕巴士能夠做到這些事情，都是因為有眼睛和大腦──「**感測融合技術**」、「**事件推理技術**」及「**AI人工智慧**」。車上裝有攝影機、雷達、光達、GPS等感測器和定位裝置，不同感測器蒐集到不同資料後，交由AI人工智慧判斷，做出車子要怎麼運行的決定，再把指令傳送給車子各個機械裝置自動執行動作。

自駕巴士儀表板。（工研院提供）

自駕巴士在哪裡開？

工研院的自駕巴士目前仍在向政府申請第二階段測試，有機會在高鐵站提供接駁服務──說不定，哪一天在路上，大家也可以幸運搭到自駕巴士唷！

自駕車0～5級 等級查查看

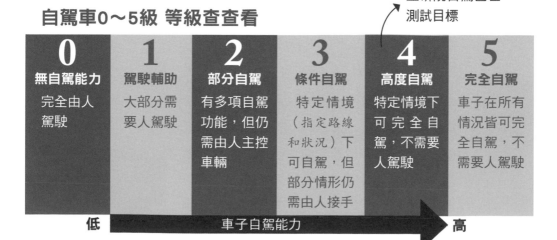

工研院自駕巴士
測試目標

0	1	2	3	4	5
無自駕能力	**駕駛輔助**	**部分自駕**	**條件自駕**	**高度自駕**	**完全自駕**
完全由人駕駛	大部分需要人駕駛	有多項自駕功能，但仍需由人主控車輛	特定情境（指定路線和狀況）下可自駕，但部分情形仍需由人接手	特定情境下可完全自駕，不需要人駕駛	車子在所有情況皆可完全自駕，不需要人駕駛

低　　　　　　　　　車子自駕能力　　　　　　　　　高

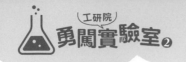
工研院自駕巴士 大解密

自駕車最常見的感知裝置有三個：攝影機、雷達和光達。

GPS衛星定位裝置：可以定位座標，但有一到兩公尺誤差

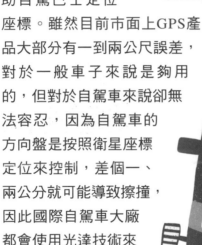

自駕巴士車頂的GPS裝置，是協助自駕巴士定位座標。雖然目前市面上GPS產品大部分有一到兩公尺誤差，對於一般車子來說是夠用的，但對於自駕車來說卻無法容忍，因為自駕車的方向盤是按照衛星座標定位來控制，差個一、兩公分就可能導致擦撞，因此國際自駕車大廠都會使用光達技術來彌補不足。

雷達：可以偵測周圍是否有障礙物，但無法知道是什麼

自駕巴士的雷達主要裝在前方，可以運用打出去的雷射光束反彈回來，偵測周圍是否有障礙物以預防碰撞，但是只能知道「是否有物體」，而無法得知「是什麼物體」，像是一般家用車可能就裝有倒車雷達。

攝影機：可以實際看到障礙物是什麼

自駕巴士共裝有八支攝影機，左右兩側和後方攝影機主要是探測「近距離」，知道巴士周圍是否有人車靠近；前方攝影機主要是探測「遠距離」，像是車子前方兩百公尺內的所有東西。

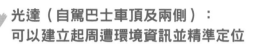

光達（自駕巴士車頂及兩側）：可以建立起周遭環境資訊並精準定位

自駕巴士車頂及兩側裝設的光達很像雷達，利用360度旋轉掃射的光束掃描周遭環境，包括周圍人車、建物、樹木等地景資訊統統無所遁形，可建立起360度高解析度3D地圖，也可彌補攝影機晚上因光線不足而看不清楚的弱點；加上光達不像GPS衛星定位會受到雲層影響而有誤差，定位精準度可達到「公分」等級。

由於自駕巴士是行駛在固定路線上，因此可針對此固定路線建立地圖，之後車子再行經該路線時，就會和地圖進行比對，確認地景地貌是否改變、是否增加或減少號誌等，如此一來，也有助於自駕巴士精準知道自己是在哪個位置。

車頂光達和攝影機

光達

跑馬燈：可以和其他用路人溝通

由於自駕巴士沒有駕駛，因此前方的跑馬燈可取代駕駛，用來和其他用路人溝通，像是車輛駕駛通常會揮手示意行人可以先行通過，自駕巴士就可用跑馬燈來取代。

跑馬燈

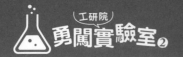

• 小小偵探團發問中 •

實驗室人員在研究自駕巴士的過程中，
有發現什麼困難嗎？又是怎麼解決呢？

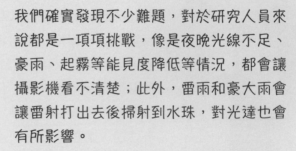

我們確實發現不少難題，對於研究人員來
說都是一項項挑戰，像是夜晚光線不足、
豪雨、起霧等能見度降低等情況，都會讓
攝影機看不清楚；此外，雷雨和豪大雨會
讓雷射打出去後掃射到水珠，對光達也會
有所影響。

目前工研院已發展出相關影像辨識技術，
以解決這些難題，例如：光線不足時可透
過「前處理」，將亮度調亮；起霧時也可
透過「前處理」，盡可能去除掉影像中的
霧氣水珠，或者讓對比度更大、畫質更銳
利，如此一來，都有利於影像偵測辨識。

找一找，想一想

1 你曾想像未來世界充滿自駕車嗎？自駕車有哪些功能？城市裡又會是什麼景象？快寫下或畫下你心目中的自駕車，和大家一起分享吧！

2 近年來，各大車廠紛紛推出自駕車，可以想見自駕車是未來世界的重要趨勢。你曾看過、聽過或坐過哪些自駕車？說說你蒐集到的資訊或曾有過的經驗吧！

3 自駕車能安全駕駛，是因為有「眼睛」感測到周遭環境狀況，以及有「大腦」做出判斷，就像人類一樣。請說說自駕車的「眼睛」和「大腦」各是哪些東西吧！

4 自駕車雖然便利，卻也衍生很多問題，例如：安全性疑慮、是否侵犯隱私等。請上網查一查自駕車目前面臨的問題，並且說說你的想法。

5 看過自駕車的好與壞，你還會想搭乘或駕駛自駕車嗎？為什麼？

▶▶延伸影片這裡看

工研院【科技哪裡趣】
自駕巴士影片

易取智慧商店大探險
易取智慧貨架研發

大家對於「易取智慧商店」可能有點陌生，但說到「無人商店」應該比較多人知道吧！無人商店是指完全沒有店員服務的商店，易取智慧商店則是運用高科技輔助，配置較少店員，就能順利運作的商店。在臺灣，也有易取智慧商店喔！

商店裡運用到哪些技術啊？

我想去逛逛！

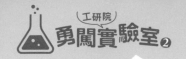

實驗室大揭密

說到無人商店，大家可能聽過來自國外的熱門消息，像是2018年1月大家常在網上平臺購物的美國電商公司亞馬遜，就在西雅圖推出第一間無人便利商店「Amazon Go」，自此在世界各地掀起一股無人商店熱潮！

為了驗證智慧商店的各項技術，工研院與便利商店業者合作，在院內打造了「易取智慧商店」驗證場域，讓員工購物的同時，也能驗證技術，作為日後精進之用。究竟智慧商店運用了哪些技術？又是怎麼變聰明呢？

掃描QR code即可使用智慧貨架。

易取智慧貨架的聰明祕密

在進入易取智慧商店之前，先來體驗一下「縮小版智慧便利店」——在偏遠地區因成本考量，通常不會設置便利商店，但工研院從2017年開始研發「易取智慧貨架」，採用販賣機形式，希望能讓偏遠地區民眾購物更方便喔！

易取智慧貨架和傳統販賣機最大不同之處在於，消費者以會員身分結帳的智慧支付方式，讓付款更加便利，而且機

易取智慧貨架。

器採用多種感測器，**可精準偵測購買商品種類和數量**，使得廠商能掌握消費者最需要的物品，靈活更換商品項目，滿足更多生活上的需求。

攝影機
用來辨識拿取商品與數量。

紅外線

可想像成在商品前方形成一道光柵，當消費者伸手拿取商品，穿過紅外線光柵，觸動影像和重量感測器才開始運作，能大幅減少資料運算量，降低貨架設置成本，可說是工研院的祕密武器喔！

重量感測器
可搭配視覺影像感測器，輔助辨識拿取商品與數量，隱藏在下方貨架中。

易取智慧貨架 這樣用

❶消費者需先下載APP成為會員➡❷透過手機掃描QR code開啟貨架櫃門➡❸拿取所需商品➡❹後端系統會透過貨架內的紅外線、攝影機和重量感測器，辨識消費者拿取的商品種類和數量➡❺消費者手機購物車內，會同時出現拿取的商品；若放回貨架上，手機購物車內的商品會同時刪除➡❻按下手機結帳按鈕即可付款➡❼貨架櫃門上鎖，完成此次購買！

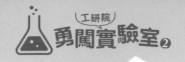

 # 易取智慧商店大探險！GO！

期待很久了嗎？小小實驗室偵探團準備來一趟易取智慧商店大探險囉！

❶ 手機APP實名註冊，綁定智慧支付方式
先下載APP，實名註冊設立帳號、密碼，並且綁定智慧支付方式，電腦就能辨識身分囉！

❷ 手機掃描 QR code進入商店
以手機掃描條碼，即可打開閘門進入，GO GO GO！

❸ 逛商店、買商品，視覺感測器追蹤動作
一踏進店內，天花板上超過四十臺攝影機，從各個角度開始追蹤位置和動作（當消費者站在一臺攝影機下方，前後左右四臺攝影機會透過不同角度拍攝辨識，降低誤判消費者動作機率），而為了保障個人隱私，目前並未針對臉部拍攝喔！

❹ 拿取商品，穿越紅外線光柵，觸動各種感測器

貨架上同樣設有紅外線感測器光柵，伸手拿取架上商品時，穿過紅外線光柵，才會觸發各種感測器開始運作；和其他無人商店相比，可大幅降低建置成本。

當拿取商品，貨架上的攝影機和重量感測器，也會辨識商品種類和數量，把資料傳送到電腦系統，即時出現在手機購物車內；當把商品放回架上，手機購物車內的商品也會同時刪除。

❺ 按下手機結帳按鈕完成結帳，即可出閘門離開商店

不像在傳統便利商店需排隊、給店員掃條碼、付款結帳，在這裡只要按下手機的購物車結帳按鈕，電腦系統就會按照一開始指定的智慧支付方式扣款，可說是「拿了就走」，酷吧？

• 小小偵探團發問中 •

為什麼最近出現很多間無人商店或易取智慧商店呢？

易取智慧商店的出現，是因應人口老化、人力缺少的趨勢，希望藉由各項高科技技術，讓民眾從走入便利商店到購物結帳都可自行完成，便利商店就可用較少員工來處理仍需人力完成的工作，像是商品售完時，系統會自動通知員工補貨。

易取智慧商店還使用到哪些技術？

核心技術包括AI人工智慧（如訓練電腦視覺代替人的眼睛，判斷消費者拿取哪些商品）、物聯網（各種感測器和電腦系統互相連結，就像每個物品可彼此溝通，如視覺、重量和紅外線感測器互相支援，使電腦整體判斷準確率達到98％），以及巨量資料分析（後端系統蒐集消費者習慣等資料，有助推出行銷策略）。

找一找，想一想

1 傳統自動販賣機和易取智慧貨架都是節省人力，利用機器把商品賣給消費者的販售方式。請說一說，傳統自動販賣機和易取智慧貨架最大不同之處在哪裡？

2 易取智慧貨架主要運用到哪三項科技，以判讀消費者是否靠近，以及拿取的商品品項與數量？

3 請想一想或討論一下，易取智慧貨架為什麼需要使用不同科技互相輔助？（例如：只裝設攝影機，當消費者拿取兩項疊在一起的商品，是否可能有誤判的情形？）

4 易取智慧貨架雖然非常方便，商品比較多元，也可以根據蒐集到的民眾消費習慣資料，針對市場需求調整商品內容，但是相對的，銷售者也掌握了民眾的隱私資料。請分享一下你對於「享受便利生活vs.保護隱私權」的想法吧！

5 如果你家附近出現一間無人商店或是易取智慧商店，你會想要去逛逛嗎？為什麼？

6 很多時候，科技的發展是為了因應人類的生活變化，或是讓人類的生活更加便利，像無人商店就是因為人口老化、人力減少而出現。你還能想到哪些科技的出現，是為了因應人口老化這個問題？

我把機器人變聰明了
智慧機器人實驗室

自古以來，人們就對「機器人」非常感興趣，許多科幻電影裡都能看到當時的人們對於機器人充滿無限想像，現在就讓我們一探智慧機器人實驗室吧！

耶！我最喜歡機器人了！

裡面有哪些機器人呢？

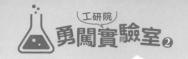

🦾 實驗室大揭密

　　雖然叫做「智慧機器人實驗室」，但是裡面充滿各式各樣機械手臂和無人搬運車，這是為什麼呢？

　　原來，**不是只有人形機器人才叫做機器人**，比起外觀是否為人形，更關鍵的其實是「機器的能力」——**如果一臺機器可以感知環境**（透過感測器）、**自主思考**（自主學習的人工智能），**並且產生行動**（透過機構裝置活動），**來達成指定任務，就可稱為「機器人」。**

　　因此，智慧機器人實驗室裡的各種機械手臂和無人搬運車，統統都是機器人喔！接下來，就來和這些智慧機器人面對面吧！

拿取貨品的智慧機器人。

① 機械手臂家族報到！

　　機械手臂家族可以幫助人類做很多事情，像是在工廠裡鑽孔削切加工、在航太科技業製造火箭零件等，用途非常廣泛。

以前的單一工作vs.現在的多樣任務

以前的機械手臂比較笨重，只能進行單一重複的動作，但現在的機械手臂比較小巧，加上機器人的視覺感測器更加靈敏，看到眼前的散亂零件，經過人工智慧運算，以及皮膚力覺感測器，就能知道自己應該用什麼角度、施多少力，即可順利拿起正確的零件，因此能進行更加多樣化的工作。

安全皮膚和教一次就會！

由於在工廠中，人們經常要和機械手臂一起工作，因此不時會發生被機械手臂打傷的意外。為了解決這個問題，工研院的實驗室研發出**安全皮膚**，可包覆在機械手臂外頭，只要員工一碰撞到，機械手臂就會減速或停止動作，避免打傷員工。

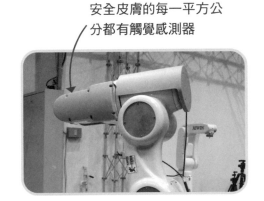

安全皮膚的每一平方公分都有觸覺感測器

另一個則是**可順應性教導的機械手臂**——只要抓著機械手臂做一次，機械手臂會順著你的力量產生動作，還會把步驟記起來，不用寫複雜的電腦程式，是不是很有智慧呢？

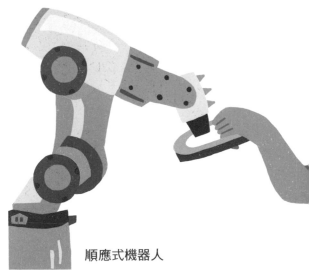

順應式機器人

45

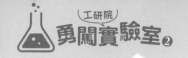

② 虛實整合製造機器人

大家可能不知道，我們每天都會用到的水龍頭、蓮蓬頭等水五金產品，以前都是老師傅們忍受高溫、高汙染環境，用雙手和砂帶機一件件研磨出來的，直到「機器人徒弟」出現！

這個「機器人徒弟」的名字叫做「**第二代CPS研磨拋光機器人**」，它最厲害的地方在於，不用真的向老師傅們拜師學藝，而是靠著參數設定，載入水龍頭模型、機器人模型、砂帶機模型，就會自動生成加工路徑和模擬編程，讓機器人夾著水五金零件運用砂帶機加工，就算操作人員不在現場，也能研磨拋光出最棒的成品，達到虛實整合功能。

只要先固定好研磨拋光機器人的位置，它的視覺感測器就可知道砂帶機和彼此相對的位置，縮短機臺設置時間喔！

③ 服務型機器人小幫手

當機器人走出工廠，進入我們的生活提供服務，就被稱為服務型機器人，例如：在醫院協助醫生開刀的機械手臂、運送醫療器具的無人車，甚至是身障人士的行動輔具和義肢。

這隻被暱稱為「黑手」的義肢，真正名稱是「仿人機械手掌」。

一般義肢的原理，是偵測肌肉收縮時產生的微小電訊號，進而產生相對應的動作，然而這隻黑手的運作方式，除了使用偵測電訊號之外，未來預期也可搭配量測肌肉收縮的方式，以避免使用偵測電訊號時流汗可能產生的干擾，提升正確率，也可做到更精細的動作喔！

仿人機械手掌目前可做到的動作是手掌打開、四指下握、拇指往內凹及彎曲，比市面上多數義肢能做到更多動作。

④ 無人搬運車「防車禍」絕招

為了節省人力，無人車悄悄開進物流中心或工廠，在貨架和貨架之間，搬運我們在網路上購買的商品，或者是製造業的零件和成品。不過，從幾輛到幾十、幾百輛無人車趴趴走，要怎麼防止「車禍」發生呢？

除了這些無人車上裝有「雷射感測器」，就像車子的眼睛一樣，能蒐集到周圍環境資訊，讓無人車可以定位導航、避過障礙之外，還有一個**派車系統**會把所有無人車回傳的資料，透過演算法演算，告訴每輛無人車最安全、最有效率的行駛路線，這樣就不會發生碰撞事故啦！

這些無人車還有超精準的定位系統，能跟你來場指尖對指尖的第三類接觸喔！

● 小小偵探團發問中 ●

為什麼工研院的機器人實驗室叫做「智慧」機器人實驗室呢？這和一般的機器人有什麼不同？

「智慧」機器人是指加上更多更精準的「感測器」，讓機器人像是有眼睛的視覺、皮膚的觸覺和力覺一樣，感受周遭環境變化，接著透過「人工智慧」，自主學習並判斷應做出哪些適當反應，這和之前「必須輸入一個口令才能產生一個動作」的機器人完全不一樣呢！

找一找，想一想

1 古今中外的人們對機器人充滿想像力，因此創作出許多機器人作品，包括電影、動畫、漫畫、小說等。你看過以機器人為題的作品嗎？和大家分享一下吧！

2 在你想像中的機器人又是什麼模樣？擁有哪些能力？快點寫下來或畫下來吧！

3 現實世界中，機器人也愈來愈常出現在我們的生活裡，你曾看過機器人嗎？說說你的經驗吧！

4 本文中的機器人有哪些功能？最讓你感到有興趣的是哪種機器人？

5 除了本文中提到的功能之外，現在市面上的機器人還有哪些用途？快觀察生活周遭或是上網搜尋，和大家分享一下。

▶▶延伸影片這裡看

CPS機器人
影片

工業機器人
快問快答

有智慧的工廠
智能製造體驗工坊

你們知道嗎？現在不只是機器人變得有智慧，就連工廠也變聰明囉！在工研院的實驗室裡，研究人員就用樂高積木蓋了一座智慧工廠模型，大家想去看看嗎？

用樂高蓋智慧工廠模型？聽起來很好玩！

快點帶我們去看看！

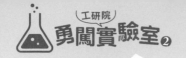
實驗室大揭密

在工研院實驗室裡的這座樂高工廠模型，模擬了真實的工廠生產線，機器可自動完成放上原料、為產品加工、判斷成品好壞等動作，藉著導入智能製造服務系統，讓工廠更有智慧！

這是工研院的研究人員邀請樂高達人團隊一起建置，包括搬運東西的無人搬運車、努力工作的加工機臺、不斷夾取物品放到定點位置的機械手臂，統統都是積木拼成──但這樣的工廠，到底聰明在哪裡？

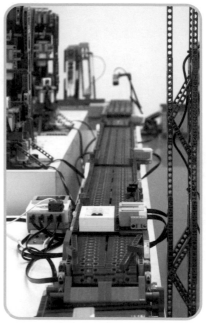

樂高積木組裝的智能工廠模型。

工廠怎麼變聰明？

說到要讓工廠變得更有智慧，首要條件就是機器可以「**自動化**」工作，自動完成搬運、加工、檢測過程，這就是目前臺灣許多工廠都能做到的事情，也就是有時你會在新聞上看到或聽到的工業3.0時代。

智能製造體驗工坊。

　　但這樣的工廠還是不夠聰明，像機器只能在固定軌道上行走，碰到物體不會閃避，上下料還是需要人力搬運；機器也沒有判斷能力，使得檢測產品是否有瑕疵時錯誤率太高，需要人力複檢；機器更沒有學習能力，只會一個指令一個動作，每進行一項任務，就要重寫一次程式。

　　不過，AI人工智慧的引入，使得臺灣工廠正朝「**智動化**」轉型，其中最重要的就是各種感測器的發展，包括視覺、觸覺、力覺等，就像機器的眼睛、皮膚，能讓機器看到、感受到周圍環境，加上可以深度學習的大腦，透過大量蒐集、分析資料，更讓機器能夠做出精準的判斷，這就是全世界都在努力邁向的工業4.0時代！

工廠現場的機器裝有很多感測器，
像是紅外線或攝影機。

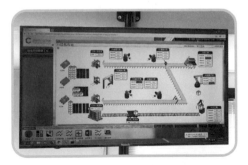

工廠現場資料即時傳到監控系統，
讓人員隨時掌握狀況。

樂高智慧工廠模型工作中

❼ 品檢機械手臂

成品進行最終檢測，由於視覺感測器與AI人工智慧引入，使得機器判斷更精準。

❽ 無人搬運車2

將機器判斷的良好成品搬運到成品倉架，瑕疵成品搬運到NG倉架。

Start ▶ ▶ ▶ **❶ 原料倉架**

放置原料的貨架。

❷ 無人搬運車1

可自動把原料從倉架搬到組裝運送帶上。有些搬運車需鋪設軌道才能運行，有些則因視覺感測器而可自由行走，遇到障礙物就會轉彎。

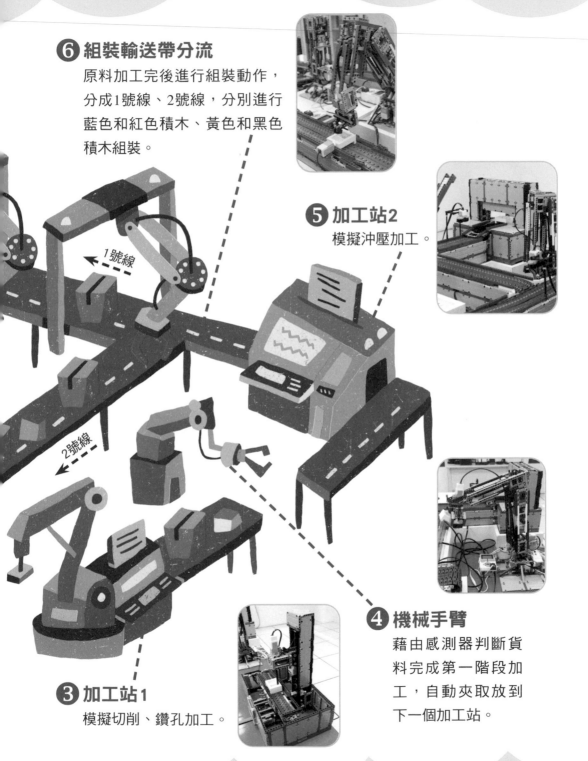

❻ 組裝輸送帶分流

原料加工完後進行組裝動作，分成1號線、2號線，分別進行藍色和紅色積木、黃色和黑色積木組裝。

❺ 加工站2

模擬沖壓加工。

← 1號線

2號線 →

❹ 機械手臂

藉由感測器判斷貨料完成第一階段加工，自動夾取放到下一個加工站。

❸ 加工站1

模擬切削、鑽孔加工。

・小小偵探團發問中・

為什麼工研院的研究人員會想讓工廠變得更聰明、更有智慧呢？

因為臺灣有很多年代久遠的中小型工廠，如傳統產業的紡織、鋼鐵等，為了幫助產業升級，增加國內外競爭力，所以工研院才會投入相關研究，為這些中小型工廠導入各種感測器、AI人工智慧程式，使得工廠內的「老爺爺機臺」、「老奶奶機臺」，搖身一變成為新潮智慧設備。

這些機臺蒐集到的資料，會傳輸到電腦系統裡，讓控制人員就算不在工廠，也能掌握現場狀況，甚至了解機器的健康程度；而各式各樣的資料，會透過一套資料標準協定（OPC-UA），使得不同機器可以溝通，一起工作；最後透過電腦分析這些資料，就可以找到更有效率的生產方式，甚至縮短新產品開發時間呢！

找一找，想一想

1 你喜歡玩積木嗎？你曾用積木搭建過什麼印象深刻的作品？和大家分享一下吧！

2 根據本文，自動化工廠能做到哪些事情？

3 承上題，智動化工廠又能做到哪些事情？是透過哪些科技做到的？

4 你最喜歡樂高智動化模擬工廠的哪個部分？為什麼？

5 本文中，機器能自動進行的工作裡，有沒有令你感到驚訝的項目？和大家分享一下吧！

鋰電池的防爆祕密
STOBA®實驗室

大家對「鋰電池」一定不陌生，很多高科技產品，像是手機、行動電源、筆電，甚至是電動汽機車，都會使用到鋰電池。不過，鋰電池爆炸的危險意外也時有所聞，工研院的實驗室有讓鋰電池變得更安全的法寶喔！

鋰電池爆炸燃燒很危險耶！

防爆炸的鋰電池超實用！到底是怎麼辦到的？

59

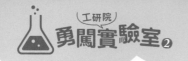
鋰電池大揭密

　　鋰電池是一種可充電電池，充放電一千次以上不是問題，有的甚至可達一萬次，能減少廢棄電池的產生；另外，鋰電池的工作電壓較高，是其他充電電池的好幾倍，這代表一隻手機需要3伏特電壓的電力驅動，只要使用一顆鋰電池即可，改用鎳鎘電池卻要使用三顆，體積和重量都會增加。

　　鋰電池壽命長、電壓高、能量密度高、輕薄短小，這些都是電子產品選擇使用鋰電池的原因，但也由於能量密度高，使得鋰電池一旦爆炸，格外危險——不過，鋰電池為什麼會爆炸呢？

工研院研發出重要的鋰電池防爆技術。（工研院提供）

鋰電池為什麼會爆炸？

要了解鋰電池為什麼會爆炸，就要先認識鋰電池裡面有哪些東西。

電池的構造可分為：正極、負極、電解液、隔離膜。鋰電池的正極，是含有鋰離子的氧化物材料，負極則是石墨材料或碳。鋰電池的充放電是由於**鋰離子在正、負極之間反覆移動**，電子也跟著傳導被儲存起來或被使用，讓電器產生電力而運作，因此才被稱為「鋰電池」。

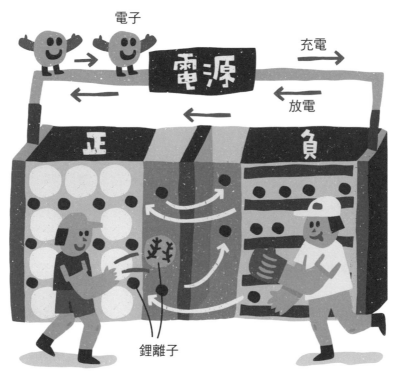

電子

充電

放電

鋰離子

充電時，正極投手把鋰離子丟出去，經過電解液、穿過隔離膜，負極捕手把鋰離子接住，電子則從上面的電線通路，從正極跑到負極儲存起來，這就是充電；放電時，換負極捕手把鋰離子丟給正極投手，電子也從負極跑到正極，這就是放電。

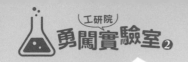
由於鋰離子非常活潑，容易產生反應；加上鋰電池怕水，裡面填入的是有機電解液，容易燃燒，這些特性都讓鋰電池若因不當使用造成短路，就會燃燒爆炸。那麼，我們到底有什麼防止爆炸的好方法呢？

STOBA®防爆技術

為了讓鋰電池更安全，工研院實驗室研發出「STOBA®鋰電池防爆技術」。

前面提到，鋰電池會爆炸是因為短路——鋰電池內部正負極不正常接通時就會產生短路，也就是電池就算不在充電狀態，鋰離子仍不斷從正極往負極移動，電池內部溫度就會一直加熱上升，最後導致鋰電池燃燒爆炸。

因此，**怎麼切斷不正常的離子和電子傳遞**，就成為鋰電池的關鍵安全技術。

工研院研發的STOBA®是一種高分子材料，製作電池時鍍在正極板上，正常情況下不會妨礙鋰離子進出，電池能正常充放電；一旦電池內部溫度上升到150～170℃，STOBA®就會變成有分歧的枝晶狀結構，包覆住正極，切斷鋰離子流動，電池就會停止加熱，自然不會爆炸囉！

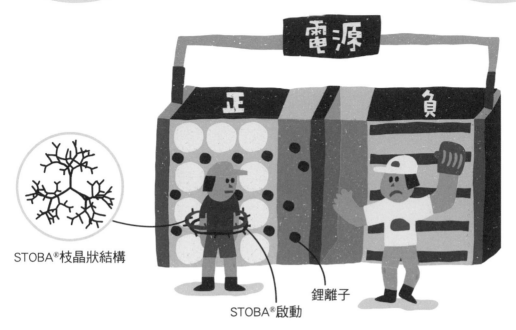

STOBA®枝晶狀結構

鋰離子

STOBA®啟動

當電池內部不正常升溫到150℃，STOBA®就會變成枝晶狀結構，包覆住正極，讓正極投手無法丟出鋰離子，切斷離子和電子傳遞，電池自然停止加熱。

STOBA®鋰電池用在哪裡？

　　說到目前採用STOBA®鋰電池的電子產品，包括行動電源、機器人、電動巴士、電動機車等。

　　電動機車本來是使用鋰鐵電池，但電池模組重達16公斤；現在改用工研院的三元STOBA®抽取式鋰電池，電池模組減輕為9.5公斤，電池續航力和壽命也有不錯表現。

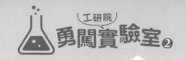
所謂的電池模組，就是把很多電池串聯或並聯，增加電流和電壓，這也是工研院實驗室研發的項目之一──你是不是也曾抱怨過「筆電的電池怎麼愈用愈充不飽」？這就是電池模組出現問題，使得有的電池過度充電，有的電池卻充不飽，平均下來後能使用的電力就降低了。

電池模組管理可以透過電子元件偵測各個電池狀況，擬定充電策略，進行平衡管理，包括什麼時候切斷、不要過度充電等，讓每個電池都能健康的發揮效用喔！

三元STOBA®鋰電池為使用鋰三元正極材料（鎳鈷錳）的高能量、高安全鋰電池。

各式各樣的電池實驗

除了STOBA®鋰電池防爆技術之外，工研院實驗室的研究項目琳琅滿目，從鋰電池正負極材料、電解液、正負極添加劑、隔離膜，到耐針刺、耐撞擊、防燃模組等，統統都包含在內，目的就是提升電池的效能和安全。

在實驗室裡，還能看到鋰電池的製作、檢測和安全防爆，令人大

手套箱。

開眼界,例如:「手套箱」是讓怕水怕氧的電解液,在其中進行調配;「塗布區」是把粉體混漿後塗在電池正極板（鋁箔）和負極板（銅箔）上,接著捲成正負極極捲;「乾燥室」是組裝所有電池元件,如正負極、電解液、隔離膜的地方;另外還有「充放電測試」充放電三千次,進行電池循環壽命測試,以及像貨櫃屋一樣的「防爆櫃」,進行電池防爆安全測試喔!

電池小教室

電池能量愈大,燃燒起來愈危險,但只要正確使用電池,就能大幅降低風險喔!

使用電池時要注意什麼？
電池不可放在陽光下曝曬,也不可和鑰匙圈等金屬放在一起,一旦正負極接通可能造成短路,把口袋燒破一個洞喔!

要怎麼安全的攜帶電池呢？
攜帶備用鋰電池時,不要完全充飽電,也要分開裝在不同塑膠袋中,使其絕緣。

廢棄的鋰電池又要怎麼處理？
先提醒大家,若電池摔到而鼓脹,最好不要再使用。正確的電池回收方式,是把不可充電電池、可充電電池分開,並把鋰電池的正負極貼起來,避免造成短路。

·小小偵探團發問中·

鋰電池使用久了,就算充飽電力,也會一下子就沒電了。請問有哪些方法可以延長電池壽命呢?

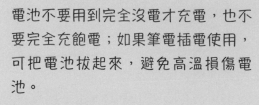

電池不要用到完全沒電才充電,也不要完全充飽電;如果筆電插電使用,可把電池拔起來,避免高溫損傷電池。

另外,不同組的充電器、USB線和電池,最好不要混合使用,這些方法都能延長電池使用年限喔!

找一找，想一想

1 觀察一下你的生活周遭，哪些東西是使用鋰電池呢？

2 根據本文介紹，鋰電池有哪些特性，使得電子產品通常會選用鋰電池？

3 鋰電池短路會產生爆炸的原因為何？

4 承上題，STOBA®鋰電池防爆技術是運用什麼原理，讓鋰電池變得比較安全呢？

5 為了避免電池短路，有哪些正確使用電池的方法？

6 生活中常用的電池還有哪幾種？上網找一找資料，和大家分享吧！

超神奇致冷晶片
材料與化工研究所

大家知道嗎？在工研院的實驗室裡，有一種神奇晶片，不但會變熱變冷，還會發電喔！

到底是什麼東西這麼神奇？

快去看看！

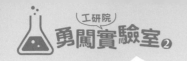

實驗室大揭密

這種神奇的晶片，叫做「致冷晶片」，它的神奇之處，在於可以把「熱」和「電」互相轉換——如果用電池給電，晶片的一面會變熱，另一面會變冷；但如果反過來，把熱導入晶片，晶片就會產生電！

致冷晶片只要接上電池，就可變成升溫小物或降溫小物——只要兩塊致冷晶片，就能讓你的手有碰到冰雪的感覺！

致冷晶片的神奇功用，來自於一種神奇物質，叫做「碲化鉍」。碲是一種稀有元素，外觀是銀灰色，在地殼中含量大約只有十億分之一，比金、鉑等稀土元素更稀少。

18世紀後半期，一位礦山技師在礦坑中發現碲的存在，接下來的幾十年間，科學家不斷嘗試加入其他元素，想找出最好用的碲化合物，直到1950年代，「碲化鉍」這個具有高導電性、低導熱性的半導

致冷晶片製作過程

❶加熱

原料填入真空石英管，經過加熱，原料融化後又凝固，結晶成晶棒。由於凝固速度很慢，結晶狀態可達完美。一根晶棒需要八小時製成。

❷切割

使用鍍有鑽石的線狀刀具，把晶棒切割成一塊塊晶粒，尺寸可按所需決定。

體材料（電導率在絕緣體至導體之間的物質），才被拿來進行商業用
途。

在我們的生活中，很多產品都是用這種熱電材料製成喔！

致冷晶片怎麼製作？

致冷晶片的製作方法，目前是以「長晶」為主，也就是把化合物
原料的成分調配好，填入石英管中，慢慢加熱，使得原料融化後結晶
成晶棒；接著，將晶棒切割成顆粒狀，按照P型半導體、N型半導體
的順序，在基板上一顆顆排列好；最後，在依序排列的晶體外，以白
色絕緣外殼焊接封合，並且接上兩條電線，就大功告成囉！

有趣的是，一開始P型半導體、N型半導體的晶粒排列，都是採
取人工放置，但這兩種晶粒的外型一模一樣，有時晶粒尺寸甚至小到
長寬高都只有0.5公釐，工研院的實驗室人員不但需要使用放大鏡，
甚至得用髮絲推送晶粒（因為鑷子太粗啦），一天只能做出一塊晶
片，非常辛苦，幸好現在終於有機器代勞啦！

❸ 排列

按照P型半導
體、N型半
導體順序，
在基板上依
序排列。

❹ 組裝

把依序排列的
晶粒，以白色
絕緣外殼焊
接封合，接上
兩條電線，致
冷晶片就完成
囉！

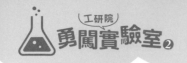
 ## 致冷晶片原理大公開

致冷晶片因為裡面的熱電材料，所以有雙向特性，一個是「**給直流電，晶片一面可發熱，一面可變冷**」，而且基於能量守恆定律，變冷那一面多出來的能量，會被搬運到發熱那一面，因此致冷晶片發熱的效能，會多過原本給予的直流電（舉例來說，給一分電可能會產生兩分熱），可達到節能的效果。

另一個是「**給熱，會產生直流電，可用來發電**」，由於熱電材料的特性，給熱後晶片兩端會產生溫差，就會產生直流電喔！

致冷晶片這樣用！

致冷晶片可運用在降溫或升溫產品，雖然以電降溫的轉換效率只有5％（冷氣是30％），但其最大特色就是**體積可以縮得很小**，也不會產生噪音，不像冷氣需要壓縮機那般龐大笨重，而且其升溫效率，比一般電熱器更省電，因此也更節能。

致冷晶片原理

給電

一面變冷　一面變熱

給電發熱 & 變冷

手感覺到冰涼

低溫（吸熱）　N型半導體　P型半導體

高溫（放熱）　給電

熱

當電子從金屬導線進入熱電材料時，由於跨過不同材料介面，能量有差異，晶片的一面需要能量，從環境中「吸熱」，雙手就會感覺到「降溫變冷」；另一面不需要那麼多能量，就會「放熱」，也就是「升溫變熱」。

　　大家最常接觸到致冷晶片的降溫產品，包括野餐用小冰箱、辦公桌上把飲品變冰涼的製冷杯，以及汽車冷熱兩用坐墊，未來甚至可能運用在電競筆電散熱產品。

　　此外，很多工業機器和高科技半導體機臺，也可發現致冷晶片的身影——除了控制溫度是使用物理現象，不會產生噪音和震動之外，致冷晶片兩面溫差是70℃，因此可達到精準控制溫度的效果，甚至可控制在正負0.1℃，對於高科技產業的高精密產品製程來說，是不可或缺的存在。

製冷杯　　　　筆電散熱產品

秋千內也有致冷晶片，讓人感受到一陣沁涼！（工研院提供）

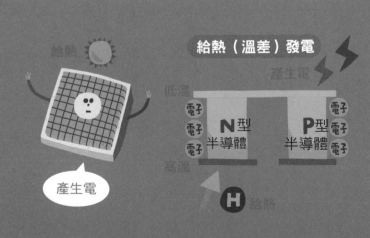

給熱（溫差）發電

產生電

低溫

高溫

電子　電子　電子　N型半導體

電子　電子　電子　P型半導體

給熱

產生電

給熱後，晶片兩端有溫差，就會產生直流電，而且每一顆晶粒都會產生直流電，形同電池串聯，電壓可一直增加，研究人員就能藉著增加或減少晶粒數量，讓晶片達到所需的電壓和電流。晶粒大小不同，也會有不一樣的電壓和電流喔！

小小偵探團發問中

致冷晶片有兩種用法，一種是「給電會變熱或變冷」，一種是「給熱（溫差）會發電」。請問致冷晶片真的有用來發電嗎？

有喔，而且只要給愈多的熱，晶片兩端溫差愈大，就會產生愈多的電，像是中鋼、台泥等工廠在製造過程中會產生大量的熱，就使用致冷晶片來發電，提供工廠和辦公室照明用電。

不過，目前致冷晶片發電效能只有5～7％，也就是100瓦熱能只產生5～7瓦電力，平均下來一度電約需8～10元，電價依舊偏貴，但仍是綠色能源的選項之一。

以太陽能發電來說，雖然光電轉換效率可達18～20％，卻受限於有太陽才能產生電，而致冷晶片卻可一天二十四小時不間斷運作，因此兩者發電量是相近的。

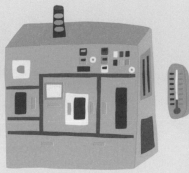

找一找，想一想

1　根據本文介紹，致冷晶片有哪兩個神奇之處？

2　承上題，致冷晶片能產生這兩個神奇的現象，是基於什麼原理？

3　致冷晶片的神奇功用，來自於哪種神奇物質？

4　致冷晶片可運用在降溫或升溫產品，其優點有哪些？

5　致冷晶片也可運用在發電，其優點和缺點各有哪些？

6　想一想，你覺得致冷晶片還可以運用在哪些產品？和大家一起分享吧！

草莓智慧節能溫室
草莓產期拉長研發

我最喜歡吃草莓了！但草莓產季通常是在冬天，而且時間很短，夏天想吃怎麼辦？工研院實驗室能夠解決我的煩惱嗎？

我們確實有法寶喔！一起去看看草莓的豪宅！

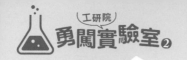

實驗室大揭密

　　炙熱的太陽下，路旁一座八百多坪的大溫室引起小小實驗室偵探團的注意——奇怪，因為草莓喜歡冷涼的環境，所以臺灣的草莓都種在氣溫較低的北部山區，如臺北內湖、苗栗大湖等，氣候炎熱的中南部平地怎麼也能種草莓呢？

　　原來，這就是工研院把草莓產期拉長的法寶，只要讓草莓住在能控制環境的溫室，除了從11月到隔年5、6月都能採收之外，還能突破栽種地點的限制，讓亞熱帶地區也有機會種草莓。

　　不只如此，這座溫室和其他草莓溫室很不一樣，既有智慧又節能，特殊栽植方法也讓草莓植株高達六萬棵，是一般草莓溫室的三倍！想知道這美麗的「**草莓智慧豪宅**」有哪些不為人知的祕密嗎？

工研院的草莓溫室充滿智慧，例如：溫室架子採南北向擺放，是為了因應臺灣地形，讓南北向的風從中間穿過去，避免被吹翻。

草莓智慧溫室，聰明在哪裡？

溫室智慧 1 ▶▶獨立栽植，病蟲害走開！

走進草莓智慧溫室，映入眼簾的是一排排草莓植栽架上，放著一棵棵**獨立栽種**的草莓植株，就像住在單人套房！

> 一起來參觀我的豪宅吧！

由於草莓非常嬌貴，容易感染病蟲害，且傳染媒介各不相同，包括土壤、水、昆蟲、空氣等，因此這裡的草莓都採取獨立裝袋栽植，減少互相傳染病蟲害的機會，自然不需噴灑大量農藥，也方便管理照顧，若草莓生病枯萎，直接取出丟棄即可。

此外，塑膠袋裡裝的不是泥土，而是經過消毒的椰纖，就是為了防止土壤裡可能有細菌或蟲卵；至於A字形立體植栽架設計，則可增加栽種面積，種出更多草莓！

A字形立體架

椰纖

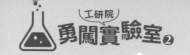

溫室智慧 2 ▶▶遮陽網＋水霧＋風扇，降溫好環保！

　　要在臺灣平地種植草莓，最重要的就是解決「天氣溼熱」這個問題，畢竟草莓最適合的生長溫度是15～20℃，但臺灣氣溫卻動輒35℃以上，令人頭痛。

　　在工研院研究團隊的巧思下，這座草莓智慧溫室有一籮筐降溫法寶：先是利用溫室上方的兩層**遮陽網**遮擋陽光，氣溫約可降低5～6℃；加上自動水霧噴灑系統，搭配大型風扇吹送，以及鋪設小石子的地面，室內通風又涼爽；最後晚上幾個小時才開冷氣，一來將用電量降到最低，二來增加與白天的溫差，由於**草莓需要明顯的日夜溫差才能持續開花、結果**，因此這也是草莓產期能拉長的原因之一。

　　此外，遮陽網上方還有遮雨棚，若感測器感應到下雨或日照過強，就會自動啟動遮雨棚或遮陽網，保護嬌弱的草莓喔！

除了使用大型風扇減少吹冷氣時間，溫室還有太陽能板
發電，可把電賣回台電喔！

溫室智慧 3 ▶▶ 遠端監視遙控，高科技助攻！

　　市面上，草莓價格不低，除了產季較短、產量較少之外，因為不易栽植，所以需要大量人力照顧，也是關鍵因素之一，而工研院引進的高科技裝置可以解決這個難題！

　　首先，插在每盆草莓植栽中的滴灌系統，會自動導入水分和營養液；其次，溫室中的監視鏡頭，可與電腦和手機連線，讓照顧者就算不在現場也能看到即時影像，若有突發狀況，也可透過遠端遙控系統，執行放下遮陽網、遮雨棚等動作。

I am watching you !

　　草莓溫室的人力配置，大約是兩百坪需要四個人照顧，包括除草、移除病株、採收等，研究團隊希望可以引進無人車和機械手臂，屆時你吃到的草莓，可能就是機器栽種的喔！

監視器。

滴灌系統。

• 小小偵探團發問中 •

我之前去採草莓的草莓溫室都是全密閉式空間,但這座草莓智慧溫室卻採取半開放式環境,這是為什麼呢?

因為研究團隊認為,環境愈自然、舒適、通風,作物才會長得愈好,所以才會採取半開放式環境,而且每座溫室都有不同的挑戰,如北部要解決陽光不足、潮溼等問題,東部要面對焚風、颱風等天氣現象。

另外,你們有發現嗎?為了防止蟲子進入,溫室上方和側邊都被網子圍住,但網洞大小不一樣喔!側邊網子的洞較小,幾乎任何昆蟲都無法進入;可是上方兩層遮陽網的洞較大,是為了讓蜜蜂可以飛進來,為草莓授粉,因為其他昆蟲不太會像蜜蜂飛得這麼高!

上方網洞較大,蜜蜂可以飛入授粉。

側邊網洞較小,昆蟲無法進入!

找一找，想一想

1 草莓有很多品種，而且各有不同風味，像是帶有牛奶或糖果甜味的日本品種，以及香氣十足的臺灣品種「豐香」。你曾吃過比較特別的草莓嗎？如果有的話，和大家分享一下經驗吧！

2 大家常說：「草莓是一種嬌貴的水果。」其實這和草莓的栽植環境與保存難易度有關。請上網查一查草莓的生長條件有哪些，再想一想草莓溫室能藉由控制環境，解決哪些問題？

3 你曾去戶外草莓園和草莓溫室採草莓嗎？你留意到在這兩個地方栽植草莓有哪些不同嗎？如果只在其中一種地方採過草莓，你還記得那裡的環境嗎？例如：草莓種在哪裡？如何澆水？有風扇或冷氣嗎？和大家分享一下吧！

4 工研院的草莓智慧溫室有哪些智慧做法？你印象最深刻的是哪一個？為什麼？

5 你還看過或逛過哪些蔬果或植物溫室？說說你的經驗吧！

太陽能板的極限考驗
太陽光電測試實驗室

大家有發現嗎？愈來愈多太陽能板出現在我們生活周遭，而在上市販賣之前，這些太陽能板都要通過極限考驗喔！

有哪些考驗？

太陽能板也太辛苦了吧！

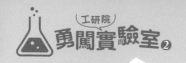
實驗室大揭密

說到太陽能板，是把太陽光能轉變為電能的綠能選項之一，但這些太陽能板在販售之前，必須有專業人士為產品的效率、安全和品質把關唷！

工研院的「太陽光電測試實驗室」，就是太陽能板的體檢室──太陽能板必須長期在戶外風吹、日晒、雨淋，甚至要抗颱風與冰雹，因此在上市販售前，必須先通過實驗室裡各項嚴格檢驗。

不只如此，這裡也是國內和國際認證的第三方實驗室，協助太陽能板產品只要通過一次測試，就能取得多國認證，直接在國內和國外上市，不用再送到國外實驗室檢測喔！

太陽光電測試實驗室一隅。

太陽能板極限考驗Start！

一塊太陽能板約需4.5個月才能完成最新的國際測試標準檢驗，快來看看工研院的實驗室裡有哪些太陽能板挑戰關卡吧！

關卡1 太陽能板的工作效率：閃光式太陽光模擬器

太陽能板進入實驗室後，第一站會來到這裡測試「太陽能板光電轉換效率」——簡單來說，就是**照射模擬太陽光的光源，檢查太陽能板把光能轉換成電能的效率**，是否跟廠商所宣稱的標籤一致。

當太陽能板通過這一關，進行其他極限考驗後，多半會再度回到這裡進行健康檢查，檢視太陽光能轉變為電能的工作效率是否衰退得太多。若沒有超過標準範圍（下降5％內），代表太陽能板經過測試「摧殘」後，還能正常工作；若超過標準範圍（超過5％），則代表太陽能板工作效率變差，檢測不通過，無法取得認證標章。

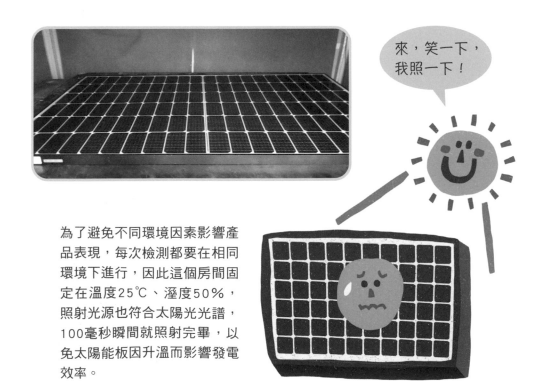

來，笑一下，我照一下！

為了避免不同環境因素影響產品表現，每次檢測都要在相同環境下進行，因此這個房間固定在溫度25℃、溼度50％，照射光源也符合太陽光光譜，100毫秒瞬間就照射完畢，以免太陽能板因升溫而影響發電效率。

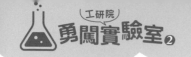

關卡2 太陽能板泡水別漏電

咦？怎麼有太陽能板泡在水裡？這樣真的沒問題嗎？

別擔心，這是在進行**防水性測試**，模擬太陽能板遇到下雨天或淹水時，是否會短路或漏電。這項檢測固定進行兩分鐘，水質則是模擬雨水，包括酸鹼度、導電率等統統都有規定，是所有太陽能板必測的安全項目之一。

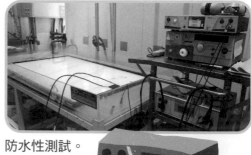

防水性測試。

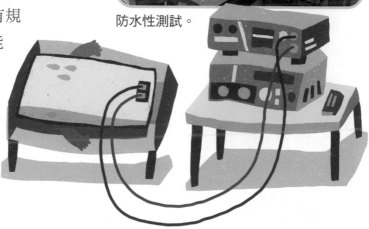

拜託不要
漏電～

關卡3 颱風天也要撐得住：機械負荷測試

這些看似吸盤的機器，是工研院做為召集人，與七個國家、十幾位專家開會討論，研發的機械負荷測試實驗方法，用來進行「**抗強風測試**」——放上太陽能板後，機器會下壓產生相當於17級強風的巨大壓力，看看太陽能板是否能承受得住，讓太陽能板的安全性再升級。

機械負荷測試。

不同國家有不同的檢測需求，歐洲國家幾乎沒有颱風和颶風，目前國際太陽能板標準只要求抵抗10級強風，因此對有颱風的亞洲國家和有颶風的美洲國家來說，就渴望能制定出新的國際標準。

關卡4 模擬各式各樣環境：環境測試試驗箱

太陽能板的層狀構造，由上到下大致是玻璃、EVA封裝膠、太陽能電池片、EVA封裝膠、絕緣背板，背板上有接線盒，旁邊則用鋁框壓起來。這麼簡單的結構，卻要能保證使用二十到二十五年，因此需要接受各種極端環境測試，而環境測試試驗箱中就能模擬各種戶外環境。

你要什麼極限環境，都在我的肚子裡！

此外，太陽能板裝設在不同環境，也需測試某些特定項目，例如：裝設在海邊就要進行鹽霧測試，裝設在豬舍則要進行氨氣測試，確保能抵擋氨氣侵蝕。

環境測試試驗箱模擬高溫、高溼、低溫幾種環境變化，測試在高溼高熱（溫度85℃、溼度85%）環境下，太陽能板能否抵擋水氣，或是冷熱循環變化（在溫度80℃和-40℃之間），看看太陽能板模組是否會因熱脹冷縮而脫框。

• 小小偵探團發問中 •

請問太陽能板只要通過前面這些關卡,就可以上市販售嗎?

其實太陽能板的測試關卡還有很多,不只這些唷!像是太陽能板常見損傷來自紫外線,其會使封裝材料發黃,太陽光進不去,自然沒辦法發電,因此在太陽光電實驗室裡,「人造紫外光測試」也是檢測項目之一,讓太陽能板照射一定曝晒量的紫外光,測試其是否能通過考驗。

另外,「防火測試系統」也是必測安全項目,「冰雹衝擊測試系統」則是連冰球尺寸、落下速度等都有規範,這些讓太陽能板「水裡來,火裡去」的測試項目,都是為了民眾安全和產品品質把關!

冰雹衝擊測試。

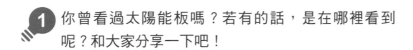

找一找，想一想

1 你曾看過太陽能板嗎？若有的話，是在哪裡看到呢？和大家分享一下吧！

2 根據本文介紹，讓你印象最深刻的太陽能板測試項目是什麼？為什麼？

3 如果太陽能板沒有經過這些測試項目，可能會產生什麼問題？

4 除了本文介紹的測試項目，你覺得太陽能板還要接受哪些測試關卡（例如：不同環境下的太陽能板，必須測試的項目也有所不同）？請動動腦想一想，或者和其他人討論一下吧！

5 太陽能板是綠能的選項之一，但也會帶來其他的環境問題。請上網找一找相關資料，和大家分享一下，並且說說你的想法和意見吧！

再生吧！太陽能板
材料與化工研究所

上一個實驗室是太陽能板上市販售之前，必須進行的測試項目，但使用過後的太陽能板舊了、壞了怎麼辦？難道只能變成廢棄物？這樣會產生很多垃圾吧！工研院同樣有好方法喔！

到底能怎麼做呢？

實驗室人員真厲害！

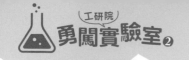

實驗室大揭密

太陽能板的壽命大約二、三十年，但是若因老舊、髒汙或破損，無法繼續工作，把光轉換成電，這些使用過的太陽能板又該往何處去呢？

截至2021年底，臺灣太陽光電總裝置容量，成為再生能源第一名，目前約有7.7GW（770萬千瓦），預計2025年會達到20GW以上，這是因為政府希望藉由提高綠色能源比例，降低火力發電所造成的二氧化碳排放。

但因毀損、更新等緣故，太陽能板廢棄物已經開始出現，預計2035年會達到10萬噸，這麼龐大的垃圾量，讓科學家們認為應該設法解決，「回收資源循環再利用」就是個好方法！

太陽能板的身體裡有什麼？

既然要回收太陽能板，就必須先了解太陽能板的身體裡有哪些東西。

傳統的太陽能板，是用EVA封裝膠，把玻璃、金屬線路、電池片（矽晶片）、背板黏在一起，再裝上鋁框，而且為了在戶外耐受風吹、日晒、雨淋等天候環境，這些EVA膠黏得非常緊密，難以拆解。

這下子，問題來了——因為黏得太緊，所以回收時是先拆除鋁框及電線，其餘部分為求方便，採取打碎及簡單分類出不同類型材料的方法，如玻璃、電池碎片、塑料和金屬等，就各自進行化學廢棄物的去化與應用。

可是這樣一來，很多材料因為打碎過程混雜難以分離，或是在分類處理過程中被耗損，所以回收率和去化應用產品價值都很低。那到底要怎麼提高材料的回收價值，讓人們更有做這件事的意願呢？**工研院實驗室有法寶讓拆解太陽能板更容易喔！**

原來我的身體裡有這麼多東西！

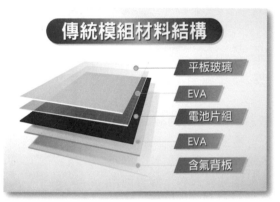

傳統模組材料結構

平板玻璃
EVA
電池片組
EVA
含氟背板

太陽能板結構。

太陽能板再生法 1

靠分類與純化技術，提高材料回收與循環價值！

在工研院的實驗室裡，廢棄太陽能板被細心拆除鋁框、剝除背板，其他材料雖然都已破碎，但研究人員把一勺勺雜有大量玻璃、各種金屬和塑料的「混合物」，放進一臺龐大的「精密分選機」。

分選機發出轟隆隆的巨大聲音，接著機器上的三層出口，透過根據不同材

精密分選機。

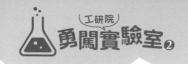

料物理特性所設計的分選機制，把各種材料都分離出來，例如：「磁選」運用磁力把具磁性的金屬（鐵）吸出來；「渦電選」把銅和鋁等金屬跟非金屬材料分開；「靜電選」則透過導體和非導體特性，把不同特性的塑料分離出來，是不是很神奇呢？

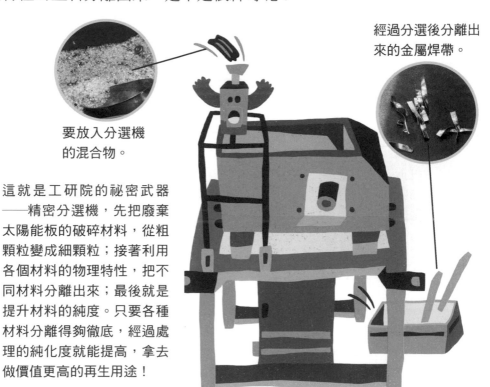

要放入分選機
的混合物。

經過分選後分離出
來的金屬焊帶。

這就是工研院的祕密武器
──精密分選機，先把廢棄
太陽能板的破碎材料，從粗
顆粒變成細顆粒；接著利用
各個材料的物理特性，把不
同材料分離出來；最後就是
提升材料的純度。只要各種
材料分離得夠徹底，經過處
理的純化度就能提高，拿去
做價值更高的再生用途！

太陽能板再生法2

研發新膠，讓拆解更容易！

不過，研究人員認為，這樣還是不夠──若是太陽能板可以重新設計，把整塊玻璃、電池片直接拔下來，清潔處理後整塊再製成新的太陽能板，那不就太棒了？

　　可是前面提到，回收時太陽能板會破碎，都是因為EVA膠必須黏得夠緊密，才能保證太陽能板夠耐用，也才導致太陽能板回收不易，所以工研院的實驗室人員也努力研發一種新的封裝膠材，**這種新膠可以同時兼顧緊密度，並讓太陽能板更容易拆解！**

　　而且，新封裝膠材中，還添加新的配方，能把太陽光中有害的紫外線，轉換成有利的可見光；只要可見光愈多，太陽能板把光變成電的發電功率就愈大，這種新封裝膠材最多可提高2％發電功率呢！

　　此種「易拆解太陽光電模組循環新設計」上市後，希望讓所有太陽能板材料都能循環再利用，大幅減少垃圾的產生！

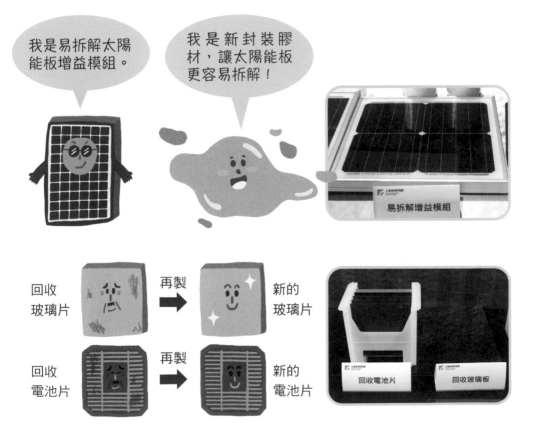

● 小小偵探團發問中 ●

前面提到，精密分選機可以先把不同材料分離出來，再經過特殊處理後，材料純化度就能提高，做價值更高的再生用途！請問有哪些材料可以這樣運用呢？

像是電池片中的矽，純度低的可拿來當作生產金屬製品的原料，純度高一點的可回用生產太陽能電池，純度更高的可用在半導體產業，創造的價值大不相同！

找一找，想一想

1 看完這兩個太陽能板實驗室介紹，以及上網查找過一些資料後，請你說一說太陽能板有哪些優點？哪些缺點？有哪些是你以前從來沒有想到的？

2 根據本文介紹，廢棄的太陽能板要回收時，會面臨哪些問題？

3 承上題，工研院的實驗室針對這些問題，又提出哪些解決方法？

4 關於太陽能板可能造成大量廢棄垃圾問題，目前臺灣政府有採取相關的措施嗎？請上網找一找，和大家分享，並且說一說你的看法。（例如：是否可有效解決問題？是否可能衍生更多問題？）

5 在未來世界中，使用低汙染的綠色能源是重要的環境保護做法之一。請上網查找資料，看看目前有哪些綠能正在發展？遇到哪些問題？是否有解決對策？

▶▶延伸影片這裡看

太陽能板再生影片

測量重力的重要
國家重力基準站

你們知道嗎？在新竹市中心附近的十八尖山公園，步道旁有一條神祕的坑道，裡面也有工研院的實驗室喔！

實驗室為什麼要建在坑道裡？

裡面又有什麼東西呢？

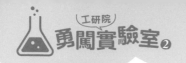
實驗室大揭密

　　說到要認識新竹市十八尖山公園坑道裡的實驗室，就要先從了解十八尖山為什麼會有坑道開始。

　　十八尖山是新竹市附近的制高點，離海邊又近，戰略地位重要，因此早年政府挖設許多軍事坑道，這裡也是其中之一；駐軍撤離廢棄後，此處就搖身一變成為內政部的**國家重力基準站**喔！

坑道裡的神祕實驗室是什麼模樣呢？

　　重力基準站會設在坑道裡，是因為這裡雖是新竹市區，但位處公園，車流量較少，地面產生的振動也較少，比較不會影響儀器的測量結果；加上此地離工研院不遠，儀器要用到的超導低溫技術也能隨時就近支援。

位在十八尖山公園裡的國家重力基準站。

重力基準站在做什麼？

重力是指具有質量的物體之間，產生相互吸引的作用；而地球內部質量也會對地球外部產生引力，因此地球上每個地方的重力都不一樣。

國家重力基準站的任務，就是監測地殼內部微小重力值變化，建立國土測繪資料，屬於重要的基礎科學工作，例如：要進行排水工程設計前，必須知道地勢起伏，也就是要了解地表水平高度。

我們都知道水靜止不動時，水面是平平的，稱為水平面；但是地表範圍很大，就必須由科學家計算出一個平均海平面做為海拔高度的計算方法，稱為高程基準。

雖然GPS衛星可取得數值，但這是透過計算得到的數學橢球資料，而不是實際在地球上看到的地球物理橢球體；自從2014年起內政部公布國家重力基準站建構的**大地起伏模型**後，GPS高程數值只要加上「重力基準改正服務」，就能迅速進行調整，得到正確的高度數值，也就是平均海平面起算的地表水平高低資訊！

地球不是一個完美的橢球狀，而是凹凸不平的梨子狀，就是科學家透過測量地球海平面0公尺的重力，把它連接起來形成一個平面後，才知道的喔！

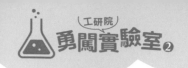
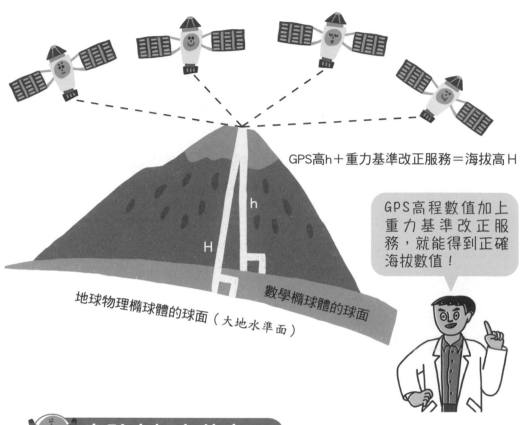

GPS高h＋重力基準改正服務＝海拔高 H

GPS高程數值加上重力基準改正服務，就能得到正確海拔數值！

地球物理橢球體的球面（大地水準面）

數學橢球體的球面

實驗室裡有什麼？

　　長長的地下坑道裡，充滿冷涼空氣，也展示著重力測量成果海報；來到一處較大的空間，擺放著各種測量重力的儀器，包括絕對重力儀、相對重力儀、超導式重力儀、空載和船載重力儀等。

　　這些重力儀，有的固定在原地，持續監測此地重力資料；有的是可攜帶式，只要有人提出測量重力的需求，工研院人員就會把能測量出精準數字的絕對重力儀（可以測到小數點後面第八位）打包裝箱，去測量該地的重力值，有時甚至要睡在儀器旁邊呢！

絕對重力儀。

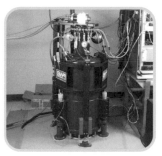

超導式重力儀。

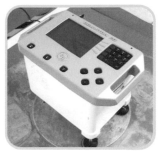

相對重力儀。

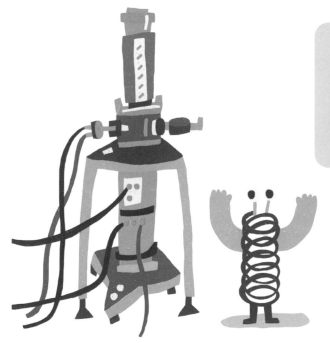

為了證明國家重力基準站量測系統的精準度，研究人員參加過多次絕對重力儀國際比對，成果顯示臺灣量測重力的結果等同世界標準！

重力儀是利用重力改變，彈簧被物體拉著的伸長量也會改變，來測量計算出重力值，像相對重力儀是把兩個地點非常精密的彈簧伸長量，比較出相對的重力值，而絕對重力儀則可測出該地精確重力值。

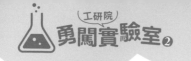
 ## 測量重力為什麼重要？

雖然重力摸不著也看不到，重力的精準測量卻愈來愈重要，因為它能透過地球內部微小重力g值變化，掌握地球環境變遷，包括地震、火山、地下水、氣候等。

國家重力基準站透過重力數值，觀察地球自轉變化，之前發生大地震時就可看到地球「抖了一下」；臺灣團隊曾和法國合作監測南橫地區造山變形計畫，得到中央山脈長高的證據；目前在陽明山地區，也有一臺超導式重力儀，監測大屯火山群變化。

此外，愈來愈多精密產業，缺少它就無法發展，像是力學工業。精密重力是力量的量測標準，臺灣的航空、太空等高科技公司，必須有校正實驗室掌握精準力量量測技術，才能製造出符合標準的扭力工

具產品，如外國曾有飛機門在高空上噴飛出去，就是因為機器鎖緊螺絲的安裝扭力值未經校正而計算錯誤，這是精密重力資料提供力學標準的一個重要案例說明。

重力真的好抽象啊！

但重力又能告訴我們好多地球內部的事情！

國家重力基準站也是很重要的國家基礎建設，關乎著一國國力強弱喔！

　　國家重力基準站提供準確的絕對重力值，做為國家重力基準的依據，並且探討連續重力的細微變化，分析重力異常原因，讓研究人員可進行國內災害監測、資源探勘、環境變遷、計量標準及衛星定軌等研究。

　　目前，評估地區性環境變遷，結合GPS觀測地殼變動、地質構造解釋與地震地動監測，是重力量測的主要應用發展方向之一。

• 小小偵探團發問中 •

國家重力基準站是看起來神秘又重要，這個實驗室有什麼特性和特色呢？

我國的國家重力基準站在2006年就建置完成，並且開始運作，十幾年來默默持續監測，雖不像其他實驗室推出酷炫新產品，卻是國家基礎工程重要的一環，因為很多科學發展和基礎建設，都必須依賴國家重力基準站能夠精密量測的技術，並且長期累積足夠的資料，方可順利規劃與執行，像是最近經濟發展快速的印尼，就透過國際合作取得我國國家重力基準站協助，進行國土測繪，希望能讓基礎建設盡快到位。

找一找，想一想

1 國家的各項建設都必須仰賴量測系統做為基礎，愈是進步的國家，愈是講求量測的精密度，而量測的精密度，也會反過來影響國家各項建設的品質，進一步影響國力的強弱。請你想一想，如果現在要鋪設一條地下排水道，卻無法精準掌握地勢高低走向，可能會產生哪些後果？

2 測繪包含測量及製圖，是政府實施國家建設、規劃土地利用與保障人民權利的重要工作。以土地測繪為例，其測繪所得就是土地所有權狀、地圖、汽車導航的重要基本資料。請你想一想，若有兩塊相鄰的土地屬於不同地主，卻從未經過第三方單位的公正量測，判定以哪一條線為界，之後可能會產生什麼問題？

3 我國自1993年起引進高科技技術及設備，完成大地（衛星追蹤站）與高程（臺灣水準原點）等國家測繪基準，做為實施全國測繪之基本準據。請你上網找一找其各在哪裡，又代表什麼樣的意義。

4 國家重力基準站的量測人員通常必須長期監測記錄同一地點的重力值，並且針對細微的變化進行分析。你覺得這樣的研究人員，需要具備怎樣的個性特質？你適合這樣的研究方式嗎？分享一下吧！

開發新藥的挑戰
新藥開發實驗室

當我們的年紀愈來愈大，身體可能會產生一些疾病，這時就需要依靠藥物治療。不過，一款藥物是怎麼誕生的？又是怎麼消滅細菌病毒呢？一起來工研院的實驗室看看吧！

未來世界可能會出現更多超強的病毒和細菌，開發新藥很重要！

沒想到工研院竟然還有新藥開發實驗室！

實驗室大揭密

　　工研院的新藥開發實驗室,聚集了生物專家、化學家、藥物學家、臨床醫師、藥師和電腦專家等,他們的重要任務就是開發各種新藥,尤其是癌症藥物。

　　大家可能不知道,在新藥開發過程中,一萬到十萬種新藥,平均只有一種能成功上市,而且從蛋白質、細胞、動物到人體測試,需要十二到十五年,開發成本也超過十億美金!

　　一款新藥的開發成功,可說是得來不易,現在就跟著工研院的新藥開發人員一起以「癌症標靶藥物」為例,闖關開發新藥吧!

新藥篩選系統的機械手臂和偵測器,可協助上百個樣品一次完成分析工作!

新藥開發大挑戰！

第一關：找出致病的凶手

　　要用藥物治療疾病，必須先找到病因，但就算是同一種病也有不同成因，得確定要治療哪種成因造成的疾病。以癌症的標靶療法為例，科學家發現細胞中的某些蛋白質，和引發癌症有高度相關性，因此製造藥物像子彈一樣瞄準目標發射，抑制或活化這些蛋白質（也就是標靶），就是下一關卡的任務！

找不到適合選題，繼續搜尋疾病可能成因！

關注國內外基礎發現，選題成功！前進下一關！

第二關：建構腫瘤蛋白質的形狀

　　確定標靶蛋白質和疾病的關係後，會在電腦上模擬建構出這個蛋白質的3D立體模型；但癌症腫瘤是長在人體裡，加上人體是很複雜的系統，這也只是某個面向的結構，不能代表相同癌症的腫瘤蛋白質都長這個形狀喔！

腫瘤蛋白質

藥物結構

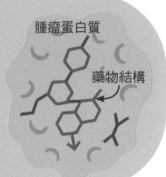

建模失敗！繼續跑電腦程式！

建模成功！前進下一關！

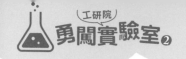

第三關：拼出藥物的結構

　　腫瘤蛋白質的結構中，可能有一些空間，可以讓藥物「卡」進去，抑制或活化這個標靶蛋白質，產生治療癌症的效用；而藥物說穿了，其實就是一堆長得像烏龜殼的化合物組成，這時就要靠化學家像玩樂高積木一樣，這裡連一個官能基、那裡填一個官能基，把符合腫瘤空間形狀的藥物合成出來！

無法合成藥物結構！請尋找合適化學物質！

合成出藥物結構！前進下一關！

化學家進行化學合成反應

第四關：藥物驗證大挑戰——離體實驗

　　藥物結構合成出來後，就換藥理學家登場，設計初步實驗驗證藥物是否有效。這個階段是在培養皿中進行，例如：人體是由一大堆細胞組成，細胞有細胞核、細胞質、細胞膜，而腫瘤蛋白質可能位在任何一個角落，所以必須拿出一顆正常細胞，看看藥物能否穿過細胞膜；接著可能是拿出癌細胞，看看藥物是否真能抑制或活化腫瘤蛋白質。

藥物無法到達腫瘤處！回上一關與化學家討論！

質譜儀可分析血液或組織裡是否有藥物成分，協助了解藥物是否能到達血液和器官，讓藥物現形。

藥物經過嘴巴進入人體後，必須通過胃、腸，被腸壁絨毛吸收進入血液，接著來到肝臟，才會分布到全身各處。因此，藥物能否通過腸壁、進入肝臟後會不會被代謝掉、能否進入長了腫瘤的器官……這些都需要透過一個個實驗得到驗證！

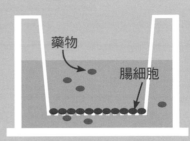
藥物
腸細胞

穿透性試驗，評估藥物是否可通過腸細胞。

實驗終於成功！
前進下一關！

第五關：當藥物進入活體──動物測試

經過無數次實驗和修正，接下來就要進入動物測試，常見實驗動物有小鼠、大鼠、兔子、狗等。一般來說，一項癌症藥物實驗可分為控制組（沒有給藥）、實驗組（又分為給予三種劑量藥物的組別），每組八到十隻注射腫瘤細胞的動物，每天給藥、採血、分析、得到數據，才能了解藥效、運作機制、毒性、安全劑量等資訊，做為接下來人體臨床試驗，甚至是上市後的用藥依據。

老鼠和兔子專用的眼壓計，開發青光眼藥物時可測量用藥後眼壓是否有降低喔！

實驗結果不如預期！回上一關與藥理學家討論！

後面還有人體臨床實驗、製藥流程等著你……

• 小小偵探團發問中 •

我看新聞報導提到，開發新藥時使用動物測試經常引起爭議，為什麼新藥開發要使用動物測試呢？

人體是一個複雜機制，就算進行了動物測試，人和動物生理結構不同，還是可能產生新的問題，更何況是不進行動物測試，研究人員更無法掌握新藥物在人體內的狀況，可能會產生更嚴重的後果。只是在人類福祉下，也要照顧到動物福祉，因此「如何減少不必要的實驗動物犧牲」，就成為研究人員的任務。

除了進行動物測試前，必須向實驗動物照護及使用委員會提出申請，工研院的動物站更通過國際實驗動物管理評鑑及認證協會認證，溫度、溼度、壓力、給水和飼料都受到控管，而且每個飼養空間都設有「衛兵鼠」，以牠為指標來監測其他老鼠的健康狀況。

找一找，想一想

1 在閱讀本文前，你可曾想過藥物是怎麼開發出來的？
又是怎麼治療疾病讓人們恢復健康？請分享一下吧！

2 在本文介紹中，新藥開發有哪些關卡挑戰？

3 承上題，最令你印象深刻的是哪個藥物開發環節？
為什麼？

4 在本文介紹中，癌症標靶藥物又是透過哪種方式治療
腫瘤呢？

5 關於「藥物開發必須經過動物測試」的規定，你
有什麼看法呢？和大家分享彼此的觀點吧！

6 你會想成為新藥開發實驗室的研究人員嗎？
為什麼？

一顆藥怎麼誕生？
原料藥廠

看完新藥開發實驗室，我們了解新藥是怎麼開發的，但這些新藥要怎麼製作成藥物呢？讓我們一起前進原料藥廠看看一顆藥的誕生吧！

原料藥是什麼啊？

可以參觀藥廠好酷！

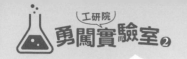

實驗室大揭密

先前我們提到，一顆藥的誕生，從新藥發掘和探索、新藥價值確立、動物測試及人體臨床實驗，必須經過重重關卡。

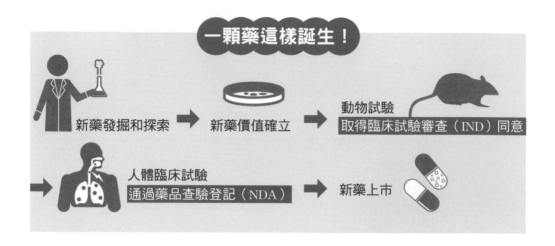

一顆藥這樣誕生！

新藥發掘和探索 ➡ 新藥價值確立 ➡ 動物試驗 取得臨床試驗審查（IND）同意

➡ 人體臨床試驗 通過藥品查驗登記（NDA） ➡ 新藥上市

其實，一顆藥物錠劑或膠囊中，有一個主要治療的化學物質，也就是**藥物的有效成分**，這正是所謂的「**原料藥**」。令人驚訝的是，一顆藥中用來治療的有效成分，大約只有千分之一到百分之一，其他都是賦予藥物形狀的「賦形劑」。

不過，無論是原料藥或賦形劑，在接下來的製藥過程中都要經過反覆檢驗，才能確保每一顆藥的安全性。現在就讓我們繼續看看工研院的GMP原料藥廠到底在做什麼吧！

原料藥廠內的研究人員。

原料藥廠在做什麼呢？

簡單來說，原料藥廠就是「製造藥裡有效成分的工廠」，因此這裡製出的成品，並非我們想像中的藥丸、針劑或膠囊，大部分是幾百公克或幾公斤的粉末，這些有醫療效用的化學物質，再送到製劑廠之後，才會加入賦形劑等物質，成為我們平常看到的膠囊或錠劑等藥物。

我身體裡治療疾病的有效化學成分，就叫做原料藥！

原料藥廠最重視的是什麼？

因為藥物是要給病人服用且有藥效的東西，所以原料藥廠最重視的就是「**每一種原料藥的每一批製程都要一樣**」，也就是「標準化程序」，不容許一絲差錯，這樣才能確保每次吃的藥物安全與品質都一樣，尤其工研院的原料藥廠是通過PIC/S GMP認證，從環境、設備、人員到製造時間、程序都有嚴格規範，就是透過全面的控管，為藥物品質把關！

原料藥廠就像化學工廠，有很多放大版的燒杯，正在進行放大版的化學合成反應，因此工廠人員必須全副武裝保護自己的安全！

 原料藥廠的製藥流程

第1站 原料入庫

原料藥廠最重要的工作之一是「檢驗」，從原料、製程產生物、成品，甚至是清洗機器的清潔液，統統都要用儀器進行分析和檢驗，而且不是抽驗。以原料入廠為例，是「每一桶原料都要檢驗，全部合格才能進工廠」，如果有一項不合格，就會直接退回不予使用。

微波消化器，用來處理測量重金屬殘留的樣品。這臺機器會先把樣品中的所有物質碳化殲滅到只剩下金屬（金屬不會被碳化），接著就能測量樣品中的金屬殘留量。

第2站 藥物製程

藥物製程其實就是「放大版＋監控版化學實驗」，也就是「A＋B＋C→D」，只是把燒杯變成超大型反應槽，而且從溫度、壓力到時間等，統統都要嚴格管控，甚至連是A倒入B，還是B倒入A，或者是A先加C還是先加B，全部都有標準流程，因為有時不同的順序，可能會產生大量氣體或放熱，這是非常危險的。

化學反應槽。

第3站 成品檢驗

原料藥成品產出後，會進入分析實驗室接受檢驗，並且留樣、取樣，進行一連串分析，包括微生物分析、重金屬分析等，等到全數都檢驗完，確認數據統統符合規定後，才能出貨給製劑廠，由製劑廠把原料藥製作成我們服用的藥品。

氣相層析儀，可用來確定原料藥的原料、產生物、機器清潔液、成品等，裡面所含有的化學物質種類和含量。

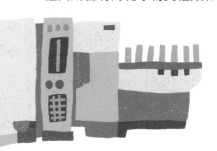

連清潔液都要檢驗！

原料藥的製造，從原料、製程到成品都要經過無數次檢驗，但為什麼連產生物和清潔液都要檢驗呢？這是因為藥物的原料都是化學物質，藥物的製程就是化學反應，如果產生物中驗出不應該驗到的物質，可能代表這個藥物製程出了問題，產出的原料藥就不能給人服用；或者是清潔液中化學物質的殘留量太高，也代表機器還沒清洗乾淨，可能會汙染到下一個製藥步驟，所以這些都要監控喔！

・小小偵探團發問中・

我聽媽媽說，藥物有原廠藥、學名藥、成藥，這次又介紹了原料藥……這些藥到底有什麼不一樣呢？

原料藥
藥物錠劑或膠囊中，主要有治療效用的成分，通常只占千分之一至百分之一，之後必須透過製劑廠，才能製成我們使用的藥物。

原廠藥
藥廠首次研發生產的藥品，在各國核准上市後，通常有二十年專利期，也就是只有這間藥廠可製造這種藥品。需要醫師處方箋才能買到。

學名藥
原廠藥專利權過期後，其他合格藥廠以同樣主成分，所生產的核准藥品。同樣需要醫師處方箋才能買到。

成藥
一般不需醫師處方箋就可買到的藥品，因為藥性及作用情形，經由長期使用下被認定為安全係數較高，所以可自行依照產品標示使用。

找一找，想一想

1 看完本文介紹後，請說說看原料藥是什麼吧！

2 原料藥廠的製作過程中，最重視的是什麼？為什麼？

3 原料藥廠的製藥流程又可分為哪幾項？

4 原料藥廠的實驗室人員必須全副武裝的原因是什麼？

5 和小小實驗室偵探團一起參觀完原料藥廠之後，你覺得最出乎意料之外的製作流程是什麼？為什麼？

國家圖書館出版品預行編目資料

勇闖工研院實驗室. 2, 未來世界建構中/劉詩媛著；Tai
Pera, Salt&Finger圖. -- 初版. -- 臺北市：幼獅文化事
業股份有限公司, 2022.10
面；公分. -- (科普館；13)
ISBN 978-986-449-273-2(平裝)

1.CST: 科學 2.CST: 通俗作品

308.9   111014451

• 科普館013 •
勇闖工研院實驗室2

作　　　者＝劉詩媛
繪　　　者＝Tai Pera、Salt&Finger
照片提供＝工業技術研究院
出 版 者＝幼獅文化事業股份有限公司
發 行 人＝葛永光
總 經 理＝王華金
總 編 輯＝林碧琪
主　　　編＝沈怡汝
特約編輯＝劉詩媛
美術編輯＝游巧鈴
總 公 司＝(10045)臺北市重慶南路1段66-1號3樓
電　　　話＝(02)2311-2832
傳　　　真＝(02)2311-5368
郵政劃撥＝00033368

印　　　刷＝龍祥印刷股份有限公司
定　　　價＝340元
港　　　幣＝113元
初　　　版＝2022.10
書　　　號＝930068

幼獅樂讀網
http://www.youth.com.tw
幼獅購物網
http://shopping.youth.com.tw/
e-mail:customer@youth.com.tw